J.-P.-A. VIAL
Docteur en Pharmacie,
Pharmacien de 1re classe,
Préparateur à la Faculté de Médecine et de Pharmacie

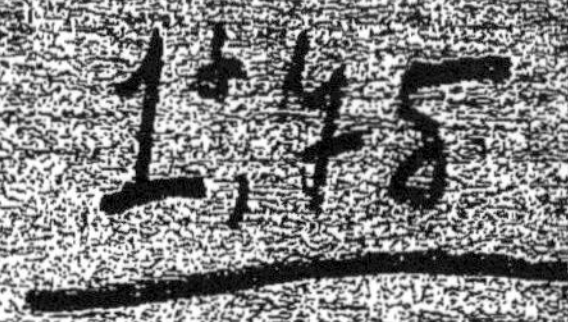

Étude

de quelques

Orthobenzènolsulfonates

LYON. — IMP. A. REY

ÉTUDE

DE QUELQUES

ORTHOBENZÈNOLSULFONATES

ÉTUDE

DE QUELQUES

ORTHOBENZÈNOLSULFONATES

PAR

J.-P.-A. VIAL

Docteur en Pharmacie
Préparateur à la Faculté de Médecine et de Pharmacie
de Lyon

LYON
A. REY, IMPRIMEUR-ÉDITEUR DE L'UNIVERSITÉ
4, RUE GENTIL, 4
—
1905

A LA MÉMOIRE DE MON PÉRE

A MA MÈRE

Témoignage de ma profonde affection.

MEIS ET AMICIS

Avant d'aborder l'étude de ce sujet, il est un devoir bien doux, pour nous, d'adresser nos vifs remerciements à tous nos professeurs pour l'enseignement scientifique, qu'ils nous ont donné toujours de façon intéressante malgré parfois l'aridité des matières.

L'idée de ce modeste travail nous a été donnée par M. le professeur agrégé Barral, qui, durant les quatre années que nous avons passées dans son laboratoire, a été un maître bienveillant dont les précieux conseils et l'amitié ne nous ont jamais fait défaut. Nous le prions d'accepter, avec l'hommage de notre profonde reconnaissance, l'expression de nos vifs remerciements.

Pénétré de l'honneur que nous a fait M. le professeur Hugounenq en acceptant la présidence de cette thèse, nous le prions de vouloir bien agréer l'hommage de notre respectueuse gratitude.

Nous remercions également M. Moreau et M. Morel, professeurs agrégés, pour l'honneur qu'ils nous ont fait en acceptant de faire partie de notre jury.

Nous tenons également à remercier M. Prost, préparateur de minéralogie théorique et appliquée (laboratoire de M. le professeur Offret), qui a eu l'extrême obligeance de déterminer quelques-unes des propriétés cristallographiques de nos sels.

Enfin, que nos parents et nos amis reçoivent, avec l'hommage de notre thèse, celui de nos sentiments reconnaissants et affectueux.

ÉTUDE

DE QUELQUES

ORTHOBENZÈNOLSULFONATES

INTRODUCTION

Laurent, en 1841, reconnut que l'acide sulfurique se combinait au phénol pour donner un dérivé sulfo-conjugué ; c'était le composé en position para qu'il avait obtenu.

En 1867, Kekulé prépara ce même corps, et dans une opération ultérieure obtint un dérivé en position ortho.

Enfin, un peu plus tard Barth et Senhofer répétèrent les expériences des auteurs précédents, et en opérant de façons diverses obtinrent les trois dérivés sulfonés correspondant à la théorie ; les acides orthobenzènol sulfonique, parabenzènolsulfonique et métabenzènolsulfonique, dont ils préparèrent quelques sels.

L'acide orthophènylsulfureux est le dérivé sulfoconjugué (1—2) du phénol ordinaire ou benzènol ; il a été étudié par différents auteurs, notamment, outre ceux déjà cités, par Allain, Baumann, Latschinow Engelhardt, Herzig.

Cet acide prend naissance, en même temps qu'une

petite quantité du composé para, quand on traite le phénol synthétique par de l'acide sulfurique concentré ; mais, si l'on opère à la température ordinaire (Kekulé), en refroidissant le mélange pour l'empêcher de s'échauffer, l'acide orthobenzènolsulfonique seul prend naissance, la formation de l'acide paraphénylsulfureux ne commençant qu'à une température plus élevée, pour devenir complète à 110 degrés.

Les auteurs cités précédemment ont obtenu le composé ortho, en décomposant le sel de plomb par l'acide sulfurique ; par ce mode opératoire, ils ont obtenu un acide orthophénylsulfureux ou benzènolsulfonique pur, sans acide sulfurique libre.

PRÉPARATION DE L'ACIDE

Elle est des plus simples : il suffit de prendre poids égaux de phénol synthétique et d'acide sulfurique pur, concentré à 66 degrés Baumé, en ayant soin de refroidir, pour éviter que par suite de la réaction, la température ne s'élève ; on laisse la combinaison se faire, elle est terminée après vingt-quatre heures. On obtient alors un produit brut dont l'impureté est due à la présence d'une petite quantité d'acide sulfurique libre.

Pour avoir de l'acide orthobenzènolsulfonique pur, le produit brut est additionné de carbonate de baryum jusqu'à réaction neutre au tournesol ; on filtre le mélange, et par addition d'acide sulfurique pur et dilué dans le filtratum, il se produit un précipité de sulfate de baryum ; la liqueur ne contient alors que de l'acide orthobenzènolsulfonique pur.

Dans une capsule, nous avons ajouté à 2 kilo-grammes de phénol synthétique, 2 kilos d'acide sulfurique pur à 66 degrés Baumé, en prenant soin d'agiter le mélange et de refroidir extérieurement le récipient par un courant d'eau froide. Le phénol s'est disssous peu à peu et lentement en donnant à la masse une coloration rouge, au bout de vingt-quatre heures la réaction était terminée et, nous avons obtenu 4 kilo-grammes d'un produit impur contenant un peu d'acide sulfurique libre. C'est ce produit que Gautrelet introduisit dans la pratique médicale sous le nom d'aseptol.

Purification. — Pour le débarrasser d'un peu d'acide sulfurique et de phénol non combinés, nous avons, après avoir étendu cet aseptol d'une très grande quan-tité d'eau (12 parties pour une d'acide), ajouté du car-bonate de baryum précipité pur, en agitant le mélange pour favoriser l'opération.

Lorsque le liquide n'est plus acide, on a une dissolu-tion du sel de baryum, assez soluble dans l'eau ; l'acide sulfurique libre est précipité à l'état de sulfate de ba-ryum insoluble ; on le sépare par décantation et filtration.

L'orthobenzènolsulfonate de baryum, en dissolution dans l'eau, est alors traité par l'acide sulfurique, qui en précipite le baryum à l'état de sulfate et régénère l'a-cide orthophénylsulfureux ; celui-ci est séparé par fil-tration.

PROPRIÉTÉS

a) *Physiques*. — L'acide orthobenzènolsulfonique

se présente ordinairement sous forme d'un liquide rouge brun foncé, de consistance sirupeuse, d'une réaction et d'un goût acides, d'une odeur faiblement phénolique. Il se dissout en toutes proportions dans l'eau, il est solu - ble dans l'alcool et la glycérine.

L'acide orthophénylsulfureux cristallise vers 8 degrés, il se présente alors sous forme de paillettes blanches nacrées, forme sous laquelle il est assez instable ; il passe, par suite du contact de l'air et de l'influence de la température, à l'état liquide et présente les caractères déjà donnés.

Nous avons préparé cet acide cristallisé par double décomposition entre le sel de baryum et l'acide sulfurique pur, et avons obtenu des paillettes nacrées, en évaporant à une température de zéro degré et même au-dessous la liqueur résultant de cette double décomposition.

Il se volatilise (Serrant), se transforme sous l'action de la chaleur en acide paraphénylsulfureux, puis se décompose vers 150 degrés.

b) *Chimiques*. — L'acide orthobenzènolsulfonique présente les réactions du phénol ordinaire. Nous avons essayé les suivantes :

Le réactif phospho-molybdique à chaud produit une coloration rouge jaunâtre.

A l'ébullition le réactif de Millon produit un précipité rouge et une coloration rouge sang.

Le réactif d'Erhlich donne à chaud une coloration jaune.

La solution décolorée de fuchsine-bisulfite est régénérée en un liquide très bleu.

L'acide azotique donne à chaud une teinte jaune.

Par l'azotite de potassium et quelques gouttes d'acide azotique à l'ébullition, il y a formation d'acide picrique se dissolvant en un liquide jaune.

L'acide orthobenzènolsulfonique sous le nom d'aseptol, est employé comme réactif très sensible de l'albumine, il en décèle les plus petites quantités. Le Dr Barral a démontré que, dans une urine en contenant 5 milligrammes par litre et dans une solution aqueuse d'albumine à o gr. oo25 pour 1ooo, l'aseptol donne un précipité léger mais très net et suffisant pour conclure à la présence de l'albumine.

Cet acide est connu sous différents noms : Kékulé l'appelle acide orthosulfophénique, Wurtz, acide orthophénylsulfureux, il est désigné dans Beilstein par les noms d'acide B-oxyphénylsulfureux, orthophénolsulfonique, oxyphénolsulfonique.

La formule de constitution de l'acide orthobenzénolsulfonique est la suivante :

$$\underset{\text{CH}}{\overset{\text{C.OH}}{\underset{\text{CH}}{\overset{\text{CH}}{\bigcirc}}}} \quad = \quad C^6H^4 \underset{SO^3H_{(2)}}{\overset{OH_{(1)}}{<}}$$

La potasse fondante le transforme pour une partie en pyrocatéchine, diphénol correspondant à la position ortho (Kékulé.)

THÉRAPEUTIQUE DE L'ACIDE ORTHOBENZÈNOL-SULFONIQUE.

C'est un antiseptique puissant, qui a été utilisé en thérapeutique dès 1883 ; et, comme tel, est encore

employé aujourd'hui. Il est indiqué dans la thérapeutique du professeur Soulier, sous le nom d'aseptol.

« Il n'est ni toxique, ni caustique, bien au contraire
c'est un antiseptique puissant, de beaucoup supérieur
au phénol, à l'acide salicylique. Son emploi est d'au-
tant plus facile, qu'il est miscible en toutes proportions
avec l'eau, l'alcool et la glycérine. Ses solutions de
3 à 5 pour 100 sont déjà actives, mais à 10 pour 100
c'est un antiseptique puissant. »

Serrant le donne comme trois fois plus fort que le
phénol ordinaire ou benzénol : « une urine qui contient 1 pour 100 d'acide orthobenzènolsulfonique peut
se conserver, sans subir aucune altération, durant
cinquante jours. Il agit de même pour empêcher la
fermentation d'organes d'animaux tués. Il interrompt
la putréfaction des substances en décomposition. Il
convient à un emploi thérapeutique, car il est très
antiseptique et inoffensif pour l'homme ».

Ferdinand Hueppe le présente comme non caustique
pour la peau au-dessous de 10 pour 100, ainsi que
pour les muqueuses au-dessous de 3 pour 100.

On le prescrit, d'après la thérapeutique du professeur
Soulier, aux mêmes doses que l'acide salicylique comme
antifermentescible dans les catarrhes intestinaux.

Il est préconisé par Grognot de Milly dans le traitement de la diphtérie ; il faut l'employer en dilution
au cinquième, on peut même aller jusqu'à parties éga-
les. Enfin Laplace a donné, comme particulièrement
active, une solution aqueuse à 4 pour 100; celle-ci
détruirait les spores du charbon en quarante-huit
heures.

ORTHO-BENZÈNOLSULFONATES

Quelques-uns ont été préparés par différents auteurs, notamment par Barth et Senhofer, Herzig, Solomanoff, Latschinow, Engelhardt. Ces chimistes ont décrit les sels de potassium, de sodium, de plomb, de cuivre, de zinc, et les ont étudiés comparativement avec les mêmes sels des acides para et métabenzènolsulfonique. Nous nous proposons de les décrire d'une façon détaillée lorsque nous arriverons à l'étude de chacun de ces sels. Nous en avons d'autre part préparé toute une série, non encore étudiée.

Mode de formation des orthobenzènolsulfonates.

a) Quand on traite directement un carbonate de métal par de l'acide orthobenzènolsulfonique, celui-ci déplace l'acide carbonique et le métal vient occupper la place de l'hydrogène acide libéré, on doit donc obtenir le sel cherché, plus de l'acide carbonique qui se dégage.

Tous les sels qui seront solubles, pourront être séparés, par filtration, de l'excès de carbonate mis en œuvre et des impuretés pouvant souiller la liqueur :

L'équation de la réaction est la suivante :

$$2C^6H^4\!\!<\!\!\begin{array}{l}OH\\SO^2OH\end{array} + CO^3M =$$

$$CO^2 + H^2O + 2C^6H^4\!\!<\!\!\begin{array}{l}OH\\SO^3M\end{array}$$

b) Un orthobenzènolsulfonate, traité par un sel métallique convenablement choisi, donnera par double décomposition, un nouvel orthophénylsulfite.

La réaction est la suivante :

$$\left(C^6H^4\!\!<\!\!\begin{array}{l}OH\\SO^3\end{array}\right)^2\!\!Ba + SO^4M = \left(C^6H^4\!\!<\!\!\begin{array}{l}OH\\SO^3\end{array}\right)^2\!\!M + SO^4Ba$$

ou encore :

$$\left(C^6H^4\!\!<\!\!\begin{array}{l}OH\\SO^3\end{array}\right)^2\!\!Ba + SO^4M^2 =$$

$$2C^6H^4\!\!<\!\!\begin{array}{l}OH\\SO^3M\end{array} + SO^4Ba$$

L'expérience nous a démontré que, par ces deux méthodes, nous pourrions arriver au résultat désiré.

Notre choix comme sel de l'acide orthobenzènolsulfonique s'est porté sur le sel de baryum pour les raisons suivantes :

a) L'orthobenzènolsulfonate de baryum peut être obtenu très pur, en partant d'un acide brut : en effet, l'acide sulfurique constituant l'impureté du corps brut est précipité à l'état de sulfate de baryum insoluble dans l'eau ; la filtration le laissera donc comme résidu, tandis que l'orthobenzènolsulfonate de baryum, étant très soluble dans l'eau, passera dans la liqueur.

b) D'autre part, les sels de baryum sont complètement précipités de leurs solutions par les sulfates;
ceux-ci, par double décomposition, nous donneront du
sulfate de baryum insoluble facile à séparer, et une
solution de l'orthobenzènolsulfonate du métal cherché.

Nous avons préparé par le premier procédé les
orthobenzènolsulfonates de métaux dont les sulfates
sont insolubles, ou à peu près, dans l'eau : soit ceux
de baryum, de plomb, de calcium, de strontium, de
bismuth, de lithium et d'argent; puis, par le second,
tous les sels que nous étudierons au cours de ce travail, c'est-à-dire les sels : de cuivre, de fer, de cadmium, d'aluminium, de chrome, de nickel, de cobalt,
de manganèse, de zinc, de magnésium, de sodium, de
potassium et d'ammonium.

Tous ces sels sont assez solubles dans l'eau, l'alcool
et la glycérine. Ils ne sont pas très stables en présence
de l'eau, qui agit comme agent hydrolisant, et en
décompose une faible partie : un peu d'acide sulfurique est libéré et il se forme un résidu ; nous verrons
cette action de l'eau quand nous étudierons le sel de
baryum.

En thérapeutique, on a utilisé quelques orthobenzènolsulfonates, surtout à l'étranger : en Angleterre et
en Belgique.

L'orthophénylsulfite de zinc s'emploie, en Angleterre, comme antiseptique à la dose de 1 pour 100,
comme antiblennorragique en injections vaginales
ou urétrales à la dose de 1 à 5 centigrammes pour 100.

Le même sel a été employé par Wangh dans le traitement de la diarrhée infantile. Il administre ce sel par

dose de 3 à 4 milligrammes, de deux heures en deux heures pour un enfant âgé de un à deux ans, et l'associe au sous-nitrate de bismuth. Graduellement, Wangh put élever les doses jusqu'à 1 centigramme. D'après cet auteur, le sulfophénate de zinc, comme il l'appelle, serait supérieur à l'acide salicylique et au naphtol ; il arrêterait les vomissements et désinfecterait les selles, tout en les augmentant quantitativement et ne produirait aucun trouble gastro-intestinal.

Sanson, de Londres, a préconisé le sel de soude dans le traitement des lésions valvulaires de l'aorte et l'a employé avec succès dans l'endocardite ulcéreuse.

Nous ne nous proposons point, au cours de ce travail, d'étudier la partie thérapeutique de chacun des sels que nous avons préparé ; ceci est en dehors de notre compétence et rentre dans le domaine médical. Cependant, à la fin de notre travail, nous examinerons la toxicité de quelques orthobenzènolsulfonates.

DOSAGE DES ORTHOBENZÈNOLSULFONATES

a) Détermination de l'eau de cristallisation.

La substance ayant été au préalable pulvérisée au mortier d'agate, on en pèse, dans une capsule tarée, environ 5o centigrammes ; on porte contenant et contenu dans la cloche à vide où, après un séjour de vingt-quatre heures, la matière est de nouveau pesée ; la perte de poids représente généralement l'eau hygroscopique ; cependant, pour quelques sels une partie de l'eau de cristallisation commence à s'évaporer ; on porte alors à l'étuve, celle-ci étant réglée de 110 à 115 degrés. On pèse au bout de six heures, puis de deux heures en deux heures, jusqu'à ce qu'il n'y ait plus de perte de poids.

La différence entre la première et la dernière pesée donne le poids de l'eau qui s'est évaporée ; un simple calcul nous donnera la quantité pour 100.

b) **Dosage du soufre.**

Nous avons essayé trois procédés de destruction de la matière organique et d'oxydation du soufre, celui-ci étant alors transformé en acide sulfurique est précipité par le chlorure de baryum et le sulfate obtenu est pesé.

1° PAR LE PERMANGANATE DE POTASSIUM

Dans un ballon de 5oo centimètres cubes environ, on introduit 5o centigrammes de la substance à doser, on verse alors 3o centimètres cubes d'eau distillée. La dissolution étant effectuée, on ajoute 2 grammes de permanganate de potassium et 2 grammes de potasse caustique, puis 20 centimètres cubes d'eau distillée pour rincer les parois du ballon. On adapte un réfrigérant ascendant, puis on chauffe pendant deux heures. Au bout de ce temps, le soufre est transformé en acide sulfurique.

On dissout l'oxyde de manganèse, formé pendant l'opération, par l'acide chlorhydrique pur, on chauffe, il se produit un dégagement de chlore ; celui-ci décolore la liqueur. Quand la décoloration est complète ou que le liquide n'est plus que légèrement coloré en jaune, on l'étend d'eau, et l'additionne à l'ébullition de chlorure de baryum. Le précipité de sulfate de baryum est recueilli, puis lavé et desséché ; on le pèse après calcination.

Cette méthode donne de bons résultats avec les alcalins et les alcalino-terreux, mais avec les autres métaux, un précipité d'oxyde se produit, qui gêne la marche de l'opération en produisant des soubresauts accompagnés de projections de matière.

2° PAR L'ACIDE AZOTIQUE FUMANT

Dans un matras en verre d'Iéna, nous avons introduit 5o centigrammes de la substance à analyser, puis 20 centimètres cubes d'acide azotique fumant; la dissolution étant effectuée, nous avons chauffé doucement pendant deux heures. L'oxydation du soufre est complète au bout de ce temps, et on a un liquide légèrement coloré en jaune. La liqueur est alors étendue d'eau distillée jusqu'à un volume d'environ 200 centimètres cubes; à ce moment se produit un brusque changement de coloration ; celle-ci, qui était jaune pâle, devient d'un beau jaune d'or, cette teinte est due à l'acide picrique qui s'est formée aux dépens du phénol de la substance à doser et de l'acide azotique ajouté pour transformer le soufre en acide sulfurique, celui-ci est précipité et dosé comme précédemment.

Cette méthode donne un meilleur rendement pour les alcalins et les alcalino-terreux, et l'on n'a pas, avec les autres métaux, les projections qui se produisent dans la méthode précédente.

3° MÉTHODE DE CARIUS

On chauffe en tube scellé, à 180 degrés pendant deux heures : 25 à 30 centigrammes de la substance avec 20 grammes d'acide azotique pur ; après refroidissement, on met le tube en verre dans un tube d'acier, et on l'ouvre en introduisant l'extrémité effilée dans la flamme d'un brûleur Bunsen. Le dégagement gazeux terminé, on coupe l'extrémité du tube et on verse son contenu dans une fiole d'Erlenmeyer ; on ajoute de l'eau distillée et précipite à chaud par le chlorure de baryum ; le dosage est alors terminé comme précédemment.

Cette méthode est d'un emploi fort délicat ; nous avons dû l'abandonner, après plusieurs essais infructueux, le tube de verre se brisant à chacune de nos expériences.

ORTHOBENZÈNOLSULFONATE DE BARYUM

Nous étudierons de façon particulière et détaillée la préparation de ce sel, puisqu'il doit nous servir de point de départ pour l'obtention de la plupart des sels étudiés au cours de ce travail.

L'acide orthobenzènolsulfonique, ayant été préparé comme il a été dit précédemment, est étendu de huit à dix fois son poids d'eau distillée en vue de faciliter la dissolution du sel que nous voulons préparer. On ajoute alors du carbonate de baryum précipité pur ; il se produit une vive effervescence due à la mise en liberté de l'acide carbonique, ce dégagement gazeux est facilité par une agitation incessante. L'addition de carbonate de baryum doit se faire peu à peu, afin d'éviter un dégagement trop brusque d'anhydride carbonique, et pour que l'orthobenzènolsulfonate puisse se dissoudre ; l'opération se poursuivant jusqu'à ce que le liquide ne soit plus acide au papier de tournesol. Au cours de cette préparation, il se forme un précipité de sulfate de baryum dû à la présence, dans l'aseptol, d'un peu d'acide sulfurique libre, on laisse le précipité se déposer, alors on procède à la décantation et à la filtration, cette dernière peut se faire à la trompe.

En suivant ce mode opératoire, nous avons obtenu une liqueur claire, d'une légère coloration jaune-verdâtre. Cette liqueur a été répartie dans des vases à large ouverture et abandonnée à l'évaporation lente à la température du laboratoire. Au bout d'un temps plus ou moins long, il se forme sur les parois latérales des récipients un dépôt sans forme cristalline distincte, et au fond, baignant dans les eaux-mères, des cristaux très nets.

L'orthobenzènolsulfonate de baryum se présente :

a) En plaques formées de cristaux blancs, transparents, affectant la forme de tablettes plus ou moins allongées, dont l'étude cristallographique fera l'objet d'un travail ultérieur.

b) En masses affectant des formes différentes ; ces masses, vues au microscope, sont constituées par un enchevêtrement de fines aiguilles.

A l'analyse, nous n'avons pas trouvé de différence dans les divers dosages. Ces cristaux sont assez solubles dans l'eau, et lui communiquent une teinte légèrement jaune, mais nous n'avons jamais pu obtenir une dissolution complète; il reste au fond du vase un résidu qui jaunit rapidement; qui est formé de phénol caractérisé par son odeur et d'un peu de sulfate de baryum. L'eau a dû agir sur l'orthobenzènolsulfonate de baryum comme agent hydrolysant et en décomposer une petite quantité.

Nous avons déterminé la solubilité de ce sel dans l'eau en opérant de la façon suivante : dans 100 grammes d'eau, nous avons dissous d'abord à froid, 5 grammes d'orthobenzènolsulfonate de baryum, puis gramme par gramme jusqu'à ce qu'il y ait un résidu non dissous. La dissolution claire a été alors évaporée dans une capsule tarée; une nouvelle pesée donne par l'augmentation de poids la quantité de sel dissous :

A froid, nous avons eu 10 grammes de résidu, la solubilité à 15 degrés est donc de 10 pour 100.

A chaud, la quantité dissoute est plus considérable ; et la solubilité augmente brusquement à partir de 75 degrés, nous avons trouvé pour la solubilité à 100 degrés, 60 pour 100.

Traité par l'alcool, l'orthobenzènolsulfonate de baryum subit une transformation, il devient gélatineux, prend l'aspect d'un précipité d'alumine. Ce produit gélatineux, recueilli sur filtre, a été mis à dialyser et nous avons constaté la présence de baryum dans le liquide.

Dosages.

1° *Eau de cristallisation.*

Matière 0,5504

Perte à 110° 0,0203
Eau 3,6882
Théorie pour $(C^6H^5OSO^3)^2$ Ba, H^2O 3,5928

Le dosage des échantillons *a* et *b* a donné un résultat à peu près identique.

2° *Dosage du soufre.*

Matière 0,5305
Sulfate de baryum 0,4892
Soufre 0,0671
Soufre o/o 12,663
Théorie pour $(C^6H^5O.SO^3)^2$ Ba,H^2O 12,77

3° *Dosage du baryum.*

Le métal a été dosé à l'état de sulfate insoluble, la matière dissoute dans 200 centimètres cubes d'eau a été additionnée à l'ébullition d'acide sulfurique étendu ; puis, après décantation et filtration, ce précipité étant desséché a été calciné et pesé avec les précautions d'usage.

Matière 0,4195
Sulfate de baryum 0,1966
Baryum 0,1156
Baryum o/o 27,55
Théorie pour $(C^6H^5O.SO^3)^2$Ba,H^2O 27,34

Nous avons dès lors donné au corps la formule suivante :

$$[C^6H^4. OH_{(1)}. SO^3_{(2)}]^2 Ba, + H^2O$$

Barth et Senhofer ont préparé ce corps ainsi que ses deux isomères de position para et méta.

L'orthophénolsulfonate de baryum, par eux préparé, a été obtenu en masses informément cristallines, renfermant deux molécules d'eau de cristallisation. Examiné au microscope, ce corps leur a paru formé de masses d'aiguilles enchevêtrées les unes dans les autres.

Le métaphénolsulfonate de baryum cristallise en petites tables, formées de groupes d'aiguilles concentrées autour d'un même point; il renferme une demi-molécule d'eau.

Enfin, le paraphénolsulfonate de baryum qu'ils ont obtenu cristallise en longues lames et avec trois molécules d'eau.

ORTHOBENZÈNOLSULFONATE DE STRONTIUM

Nous l'avons obtenu en traitant directement une solution étendue d'acide orthobenzènolsulfonique par du carbonate de strontium précipité pur. Par évaporation lente à la température du laboratoire, la dissolution du sel de strontium a abandonné deux sortes de cristaux : tout d'abord il s'est déposé au fond du cristallisoir des cristaux blancs, très fragiles, appartenant au système terbinaire.

Paramètres :

$$a = 2{,}026$$
$$b = 1$$
$$c = 0{,}6963$$

Faces constatées :

$$h^1\,(010) \qquad g^1\,(100)$$
$$e^1\,(101) \qquad b^{\frac{1}{2}}\,(111)$$

Angles des normales aux faces	mesurés	calculés
$h^1\,b^{\frac{1}{2}}$ (010) (111)	56°38	F
$g^1\,b^{\frac{1}{2}}$ (100) (111)	74°15	F
$g^1\,e^1$ (100) (101)	71°	71°2
$e^1\,b^{\frac{1}{2}}$ (101) (111)	33°22	33°21

Ces cristaux, encore assez gros, sont solubles dans l'eau, en un liquide incolore. Ces cristaux ont été retirés, puis lavés avec très peu d'eau froide, pour enlever les impuretés dont ils étaient souillés; les eaux·

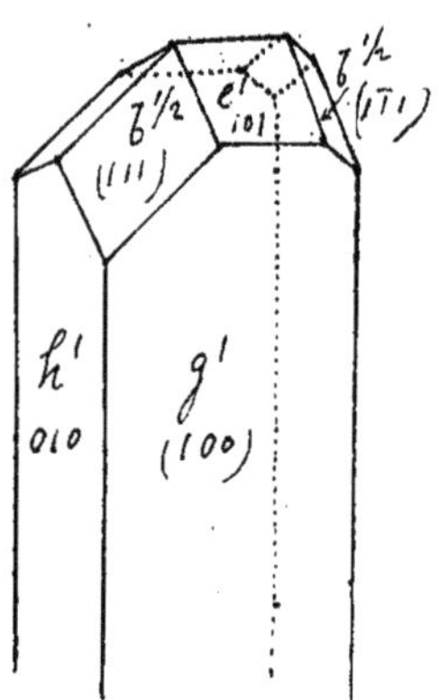

Fig. 1. — Ortho-benzènolsulfonate de strontium.

·mères ont été abandonnées à une nouvelle évaporation, dont le résultat fut de nous donner des cristaux beaucoup plus petits, blancs, affectant la forme de petites aiguilles de pin.

L'eau de cristallisation a été déterminée par la méthode que nous avons adoptée :

    Matière   0,5320
    Perte d'eau à 115° dans le vide. .   0,0610
    Eau pour 100   11,6165
    Théorie pour $(C^6H^5O.SO^3)^2$ Sr,
      3 H^2O. 11.06

La perte d'eau dans le vide a été assez considérable, car pour l'eau perdue à 115 degrés nous avons obtenu :

Perte pour 100. 3,66
Correspondont à 1 molécule d'eau. . 3,97

Dosage du soufre :

 a) Par la méthode au permanganate :
Matière 0,5320
Sulfate de baryum 0,5052
Soufre 0,0693
Soufre pour 100 13,04
Théorie pour $(C^6H^5O.SO^3)^2Sr,3H^2O$ 13,11

Nous avons eu une petite perte, par suite de projections pendant l'oxydation de la matière.

 b) Par l'acide azotique fumant :
Matière 0,5319
Sulfate de baryum. 0,5073
Soufre 0,0696
Soufre pour 100 13,10
Théorie pour $(C^6H^5O.SO^3)^2Sr,3H^2O$ 13,11

Nous devons noter que, pour le sel de strontium, ainsi que pour celui de calcium, nous avons, après oxydation, obtenu un léger précipité qui s'est redissous par addition d'eau, par suite nous avons précipité la dissolution par le chlorure de baryum au lieu d'employer, d'une part du chlorure de strontium et, d'autre part, du chlorure de calcium.

Dosage du strontium :

Le métal a été dosé à l'état de sulfate ; on opère de la façon suivante : la matière pesée est dissoute dans 50 centimètres cubes d'eau distillée, puis précipitée par de l'acide sulfurique étendu, on ajoute alors 150 centimètres cubes d'alcool à 95 degrés, puis on filtre. Le pré-

cipité est lavé à l'alcool, puis desséché ; on calcine et
pèse.

Matière 0,3787
Sulfate de strontium 0,1408
Strontium 0,0632
Strontium pour 100 17,78
Théorie pour $(C^6H^4OH.SO^3)^2$ Sr,
   $3\ H^2O$ 18,03

D'après les résultats obtenus nous avons pris comme
formule du sel de strontium :

$$(C^6H^4OH.SO^3)^2\ Sr,\ 3\ H^2O.$$

ORTHOBENZÈNOLSULFONATE DE CALCIUM

Ce sel a été obtenu par la même méthode que les
précédents. Après plusieurs essais qui n'avaient con-
duit qu'à une matière déliquescente, nous sommes
arrivé à un produit se présentant en masses blanches,
formées d'un enchevêtrement de petites aiguilles allongées. Il est soluble dans l'eau en un liquide légèrement
teinté en jaune.

Nous n'avons pu qu'imparfaitement déterminer l'eau
de cristallisation, la plus grande partie s'évaporant
dans la cloche à acide sulfurique.

Détermination de l'eau de cristallisation :

Matière 0,3806
Perte dans le vide . . 0,0590 ⎫
   — à 110 degrés . . 0,0093 ⎬ 0,0683
Eau pour 100 18,00
Théorie pour $(C^6H^4OH.SO^3)^2$ Ca,
   $5H^2O$ 18,90

Il y a évidemment, dans la dessiccation par le vide, une partie de l'eau de cristallisation qui est entraînée avec l'eau hygroscopique, car les dosages de soufre et de métal correspondent à trois molécules d'eau de cristallisation, avec un pourcentage s'élevant seulement à 12,27.

Dosage du soufre :

Nous avons opéré l'oxydation par l'acide azotique.

Matière 0,3997
Sulfate de baryum 0,43
Soufre 0,0595
Soufre pour 100 14,76
Théorie pour $(C^6H^5OH.SO^3)^2Ca,$
3 H^2O 14,54

Dosage du calcium :

Le métal a été dosé à l'état de sulfate insoluble dans l'alcool, on opère comme pour le sel précédent.

Matière 0,3710
Sulfate de calcium. 0,1179
Calcium 0,0346
Calcium pour 100 9,346
Théorie pour $(C^6H^4OH.SO^3)^2Ca,$
3 H^2O 9,09

Nous avons pris comme formule de ce sel
$$(C^6H^4OH.SO^3)^2Ca, 3H^2O$$

ORTHOBENZÈNOLSULFONATE DE PLOMB

Même préparation que le précédent, en opérant avec du carbonate de plomb. Par évaporation lente, nous avons obtenu des masses soyeuses blanches, d'aiguilles très fines. Ce corps a un aspect rappelant celui de la caféine. Il est assez soluble dans l'eau, environ 5 p. 100, et la liqueur présente les réactions des sels de plomb et du benzènol.

Eau de cristallisation :

Matière	0,5408
Perte dans le vide et à 110°	0,0205
Eau pour 100	3,78
Théorie pour $(C^6H^4OHSO^3)^2Pb, H^2O$	3,15

Le corps est hygroscopique, ce qui nous explique la différence constatée entre la quantité d'eau théorique et celle que le dosage a fournie.

Dosage du soufre :

Après oxydation par l'acide azotique, nous avons eu :

Matière	0,5403
Sulfate de baryum	0,4391
Soufre.	0,0603
Soufre pour 100.	11,16
Théorie pour $(C^6H^4OH.SO^3)^2Pb,$ H^2O	11,20

Dosage du plomb :

La matière ayant été dissoute dans l'eau et l'alcool, a été précipitée par l'acide sulfurique étendu, puis après filtration et lavage à l'alcool, le précipité desséché a été calciné et pesé :

Matière	0.4170
Sulfate de plomb	0,221
Plomb.	0,1509
Plomb pour 100.	36,20
Théorie pour $(C^6H^4OH.SO^3)^2Pb,$ H^2O	36,25

Nous avons adopté, comme formule :

$$(C^6 H^4 OH . SO^3)^2 Pb, H^2O$$

Barth et Senhofer ont obtenu ce corps cristallisé en petites tables, avec une molécule d'eau de cristallisation. Ils ont, d'autre part, préparé ses deux isomères de position : le métabenzènolsulfonate de plomb cristallise en grosses tables rhomboédriques, renfermant 3 molécules d'eau, le parabenzènolsulfonate cristallise en longues aiguilles contenant 2 molécules d'eau.

ORTHOBENZÈNOLSULFONATE D'ARGENT

Ce sel s'obtient par l'action de l'acide orthobenzènolsulfonique sur le carbonate d'argent.

Nous avons obtenu un produit se présentant en masses blanches, se dissolvant dans l'eau en un liquide incolore donnant les réactions de l'argent et celles du benzènol.

La lumière agit à la longue sur le sel pour le colorer légèrement en noir.

Détermination de l'eau :

Matière	0,5033
Perte à 110° et dans le vide . . .	0,0025
Eau pour 100	0,49

Point d'eau de cristallisation.

Dosage du soufre :

Matière	0,5045
Sulfate de baryum	0,4000
Soufre.	0,0576
Soufre pour 100. , ...	11,43
Théorie pour $(C^6 H^4 OH . SO^3 Ag)$. .	11,39

Dosage de l'argent :

Le métal a été précipité de sa solution par de l'acide chlorhydrique étendu. Le chlorure d'argent recueilli, lavé, puis desséché, a été calciné et pesé.

Matière 0,4886
Chlorure d'argent 0,2512
Argent 0,1890
Argent pour 100 38,69
Théorie pour $(C^6 H^4 OH . SO^3 Ag)$. 38,57

La formule est bien :

$$C^6 H^4 OH . SO^3 Ag.$$

ORTHOBENZÈNOLSULFONATE DE CUIVRE

Une dissolution d'orthobenzènosulfonate de baryum, 50 grammes dans 500 centimètres cubes d'eau distillée, est traitée par une solution concentrée de sulfate de cuivre ; 25 grammes pour 100 d'eau. Il se forme un précipité de sulfate de baryum insoluble, celui-ci est recueilli sur un filtre, et l'orthobenzènolsulfonate de cuivre passe dans la liqueur. On doit s'assurer si cette dernière ne précipite plus par addition de sulfate de cuivre, ce qui indiquerait alors un excès du sel de baryum, ni par l'orthophénysulfite de baryum, car ce serait, dans ce cas, le sulfate de cuivre qui serait en excès. Quand ces deux essais sont négatifs, on laisse la liqueur cristalliser.

Nous avons obtenu de jolis cristaux vert jaunâtre foncé, la purification de ce produit s'obtient en le reprenant par l'eau ; à froid nous avons obtenu les mêmes cristaux, mais, si on les dissout à 60 degrés, on obtient des cristaux plus clairs. Il sont très solubles dans l'eau, à laquelle ils communiquent une teinte jaune verdâtre, et cette solution présente les réactions des sels de cuivre et celles du phénol ordinaire,

Les cristaux d'orthobenzénolsulfonate de cuivre se présentent sous forme de prismes très allongés, appartenant au système binaire.

$$\text{Angle des axes}: \quad zx = 90°46'$$
$$\text{Paramètres}: \quad a = 1{,}9335$$
$$b = 1$$
$$c = 1{,}7312$$

Faces constatées :

$$h^1\,(100), \ o^1\,(101), \ a^1\,(10\bar{1}), \ g^3\,(120)$$

Angles des normales aux faces	Observés	Calculés
$h^1 a^1 \ (100) \ (10\bar{1})$	$49° 30$	F
$h^1 o^1 \ (100) \ (101)$	$47° 44$	F
$h^1 g^3 \ (100) \ (120)$	$75° 30$	F
$o^1 g^3 \ (101) \ (120)$	$80° 30$	$80°19$
$a^1 g^3 \ (10\bar{1}) \ (120)$	$80° 30$	$80°27$

Fig. 2. — Orthobenzénolsulfonate de cuivre.

Dosage de l'eau de cristallisation :

Matière.	$0{,}5024$
Perte à $110°$	$0{,}0488$
Eau pour 100.	$9{,}69$
Théorie pour $(C^6 H^4 OH . SO^3)^2 Cu,$	
2 1/2 H^2O	$9{,}91$

Le sel perd un peu d'eau dans le vide, la valeur de
1/2 molécule.

Dosage du soufre :

Matière o,3335

Sulfate de baryum. o,3427

Soufre o,o47o

Soufre pour 100 14,11

Théorie pour $(C^6 H^4 OH. SO^3)^2 Cu,$

    $2\ 1/2\ H^2O$ 14,09

Dosage du cuivre :

Le métal a été dosé à l'état d'oxyde. La matière pesée,
ayant été dissoute dans très peu d'eau, est précipitée à
l'ébullition par une dissolution de potasse caustique ;
on laisse bouillir une demi-heure, le précipité étant
rassemblé, on décante et recueille l'oxyde cuivrique ;
après lavage à l'eau bouillante, le produit est desséché,
puis calciné et pesé.

Matière o,35o4

Oxyde de cuivre en CuO. . . . o,o6o4

Cuivre o,o482

Cuivre pour 100 13,77

Théorie pour $(C^6 H^4 OH.SO^3)^2 Cu,$

    $2\ 1/2\ H^2O$ 13,87

Barth et Senhofer l'ont préparé ; il cristallise, selon
eux, en prismes vert clair ; nous n'en avons pas trouvé
d'analyse. Ces deux auteurs ont préparé ces deux isomères, le métabenzénolsulfonate de cuivre est vert
clair, cristallisé en tablettes rhomboédriques qui con-
tiennent 6 molécules d'eau, alors que le parabenzénol-
sulfonate de cuivre se présente en grosses tablettes
bleues avec 10 molécules d'eau de cristallisation.

La formule du sel de cuivre est :

$$(C^6 H^4 OH . SO^3)^2 Cu, 2\ 1/2\ H^2 O$$

ORTHOBENZÈNOLSULFONATE DE BISMUTH

Nous avons essayé de le préparer par l'action de l'acide orthobenzénolsulfonique concentré sur le carbonate de bismuth, la réaction ne se produit pas très bien, et nous n'avons pu obtenir qu'un corps gris-noirâtre, qui semble être un mélange de peroxyde de bismuth, d'acide libre et d'un peu du sel formé. Nous n'avons pas effectué de dosage de ce corps. Il eût pourtant été intéressant, au point de vue thérapeutique, d'obtenir un sel nettement défini.

ORTHOBENZÉNOLSULFONATE DE CADMIUM

Une solution de 5o grammes de sel de baryum dans 5oo centimètres cubes d'eau est décomposée par une solution concentrée de sulfate de cadmium (12 pour 100).

Le liquide filtré abandonne par évaporation des cristaux blancs, ayant la forme d'aiguilles de pin. Ce sel est soluble dans l'eau, en un liquide incolore présentant toutes les réactions des sels de cadmium et celles du phénol ordinaire.

Dosage : eau de cristallisation :

Matière	0,5o37
Perte d'eau à 110 degrés	0,o326
Eau pour 1oo.	6,47
Théorie pour $(C^6 H^4 OH . SO^3)^2 Cd,$	
2 $H^2 O$	7,28

Dosage du soufre :

Matière : 0,5027
Sulfate de baryum. 0,47
Soufre 0,0645
Soufre pour 100 12,89
Théorie pour $(C^6 H^4 OH . SO^3)^2 Cd,$
2 $H^2 O$ 12,95

Dosage du cadmium :

Le métal a été précipité de sa solution saline par le carbonate de soude en léger excès. Le précipité de carbonate de cadmium, après avoir été recueilli, lavé, est séché, puis calciné pour le transformer en oxyde, celui-ci est alors pesé.

Matière 0,3832
Oxyde de cadmium 0,0997
Cadmium 0,0874
Cadmium pour 100 22,80
Théorie pour $(C^6 H^4 OH . SO^3)^2 Cd,$
2 $H^2 O$. 22,70

La formule de sel est

$$[C^6 H^4 OH . SO^3]^2 Cd, 2 H^2 O$$

ORTHOBENZÈNOLSULFONATE DE FER

Ce sel se prépare comme le précédent ; on obtient, par évaporation de sa dissolution, des cristaux noirs, transparents, affectant la forme de tablettes plates. Ces cristaux sont solubles dans l'eau, 10 pour 100 à 15 degrés, et communiquent à ce dissolvant une coloration égèrement verte. Les solutions d'orthobenzénolsulfonate de fer présentent les réactions des sels de fer au mininum ; néanmoins, on a une légère coloration rose par le sulfocyanate de potassium.

Détermination de l'eau de cristallisation :

Matière	0,5037
Perte d'eau à 110 degrés	0,0358
Eau pour 100	7,10
Théorie pour $(C^6 H^4 OH.SO^3)^2$ Fe,	
2 H^2O	8,22

Ce sel a perdu une assez forte quantité d'eau hygroscopique, celle-ci a dû entraîner un peu d'eau de cristallisation, ce qui nous expliquerait la différence.

Dosage du soufre :

Matière	0,3016
Sulfate de baryum	0,3203
Soufre	0,0439
Soufre pour 100	14,57
Théorie pour $(C^6 H^4 OH.SO^3)^2$ Fe,	
2 H^2O	14,61

Dosage du fer :

Le métal est oxydé et transformé en sel au maximum par ébullition en présence d'acide chlorhydrique et de chlorate de potassium, jusqu'à ce qu'on n'ait plus de coloration bleue par le ferrocyanure de potassium. La liqueur a été alors précipitée à l'ébullition par l'ammoniaque. Après lavage et dessiccation, l'oxyde de fer obtenu a été calciné, puis pesé.

Matière employée.	0,5126
Oxyde de fer en Fe^2O^3	0,10
Fer	0,07
Fer pour 100	13

Théorie pour $(C^6 H^4 OH.SO^3)^2 Fe,$

$2 H^2 O$ 12,78

L'orthobenzénolsulfonate de fer correspond donc à la formule suivante :

$$(C^6 H^4 OH. SO^3)^2 Fe, 2 H^2 O$$

ORTHOBENZÈNOLSULFONATE D'ALUMINIUM

S'obtient par double décomposition entre le sel de baryum et le sulfate d'aluminium. Après plusieurs essais infructueux, nous avons obtenu des masses formées par un enchevêtrement de fines aiguilles, celles-ci rayonnant autour d'un point central. Ce produit, qui n'est pas très nettement cristallisé, est d'un blanc légèrement gris, soluble dans l'eau, et présentant alors les réactions des sels d'aluminium et celles du phénol ordinaire.

L'orthobenzénolsulfonate d'aluminium est très hygroscopique; abandonné à l'air, à la longue, il se liquéfierait.

Détermination de l'eau :

Matière 0,5247

Perte à 110 degrés 0,0958

Eau pour 100 18,25

Théorie pour $(C^6 H^4 OH. SO^3)^6 Al^2,$

$14 H^2 O$ 18,73

Dosage du soufre :

Matière 0,3586

Sulfate de baryum 0,3710

Soufre 0,0509

Soufre pour 100 14,25

Théorie pour $(C^6 H^4 OH . SO^3)^6 Al^2$,

$14 H^2 O$ . . . . , $14,27$

Dosage de l'aluminium :

Le sel ayant été dissout, est additionné de chlorure d'ammonium en solution à 10 pour 100, à peu près à volume égal, puis d'ammoniaque, en léger excès. On chauffe à l'ébullition, jusqu'à ce qu'on ne perçoive plus d'odeur ammoniacale. Après décantation et filtration, le précipité d'alumine recueilli est lavé, puis séché et calciné.

Matière . . . . $0,5210$

Alumine . . . . $0,0411$

Aluminium . . . . $0,0219$

Aluminium pour 100 . . . . . $4,20$

Théorie pour $(C^6 H^4 OH . SO^3)^6 Al^2$,

$14 H^2 O$ . . . . $4,08$

Ce sel correspond donc à la formule :

$$(C^6 H^4 OH . SO^3)^6 Al^2, 14 H^2 O$$

ORTHOBENZÈNOLSULFONATE DE CHROME

Il s'obtient par double décomposition entre le sel de baryum et le sulfate de chrome. On a un liquide vert qui, par évaporation, prend une consistance sirupeuse, puis qui, si on la dessèche dans le vide, devient solide avec un aspect granuleux.

Ce corps absorbe de l'eau avec une extrême facilité, devient déliquescent, surtout à l'état pulvérulent.

Dosage de l'eau :

Matière . . . . $0,5100$

Perte d'eau à 100 degrés. . . . $0,0507$

Eau pour 100 9,94

Théorie pour $(C^6 H^4 OH . SO^3)^6 Cr^2,$

$7 H^2 O.$ 9,92

Dosage du soufre :

Matière 0,4186

Sulfate de baryum 0.4692

Soufre 0,0634

Soufre pour 100 15,15

Théorie pour $(C^6 H^4 OH . SO^3)^6 Cr^2,$

$7 H^2 O.$ 15,13

Dosage du chrome :

Le métal a été dosé à l'état de sesquioxyde de chrome, on opère comme pour l'aluminium.

Matière 0,4968

Sesquioxyde de chrome 0,06

Chrome 0,0418

Chrome pour 100 8,28

Théorie pour $(C^6 H^4 OH . SO^3)^6 Cr^2,$

$7 H^2 O.$ 8,27

La formule de ce sel est :

$$(C^6 H^4 OH . SO^3)^6 Cr^2, 7 H^2 O$$

ORTHOBENZÈNOLSULFONATE DE NICKEL

Nous l'avons préparé, comme le précédent, par double décomposition, entre le sel de baryum et le sulfate de nickel. Après plusieurs cristallisations, opérées dans les mêmes conditions, nous avons obtenu des cristaux vert émeraude, solubles dans l'eau en un liquide vert, présentant les réactions des sels de nickel et celles du phénol ordinaire.

Ces cristaux assez volumineux (quelques-uns atteignent 10 millimètres de long sur 5 de largeur), appartiennent au système asymétrique.

Angles des axes : $xy = 98°20'$
$yz = 86°38'$
$zx = 93°40'$

Paramètres : $a = 1,0098,\ b = 1,\ c = 0,6991.$

Faces constatées : $h^1\,(100)$, $g^1\,(010)$, $m\,(\bar{1}10)$, $p\,(001)$. $c^{1/2}\,(\bar{1}11)$, $d^1\,(1\bar{1}2)$.

Angles des normales aux faces			Observés	Calculés
$h^1\,g^1$	(100)	(010)	$81°50'$	F
$g^1\,m$	(010)	$(\bar{1}10)$	$49°25'$	F
ph^1	(001)	(100)	$96°47'$	F
pg^1	(001)	(010)	$92°52'$	F
$pc^{1/2}$	(001)	$(\bar{1}11)$	$45°1'$	F
pm	(001)	$(\bar{1}10)$	$85°27'$	$85°21'$
$g^1\,c^{1/2}$	(010)	$(\bar{1}11)$	$64°35'$	»
$h^1\,c^{1/2}$	(100)	$(\bar{1}11)$	$115°12'$	»
$c^{1/2}\,d^1$	$(\bar{1}11)$	$(1\bar{1}2)$	$69°15'$	»
$h^1\,d^1$	(100)	$(1\bar{1}2)$	$71°54'$	$71°46'$
$g^1\,d^1$	$(0\bar{1}0)$	$(1\bar{1}2)$	$71°42'$	$71°53'$
$m\,d^1$	$(1\bar{1}0)$	$(1\bar{1}2)$	$61°30'$	$61°25'$

La lettre F indique les angles fondamentaux utilisés dans le calcul.

Détermination de l'eau :

Matière   0,5115

Perte à 110 degrés   0,0606

Eau pour 100   11,84

Théorie pour $(C^6 H^4 OH . SO^3)^2 Ni$, $3 H^2O$.   11,76

Dosagé du soufre :

Matière	0,3004
Sulfate de baryum	0,3000
Soufre	0,0411
Soufre pour 100	13,71
Théorie pour $(C^6 H^4 OH . SO^3)^2 Ni,$ 3 $H^2 O$	13,94

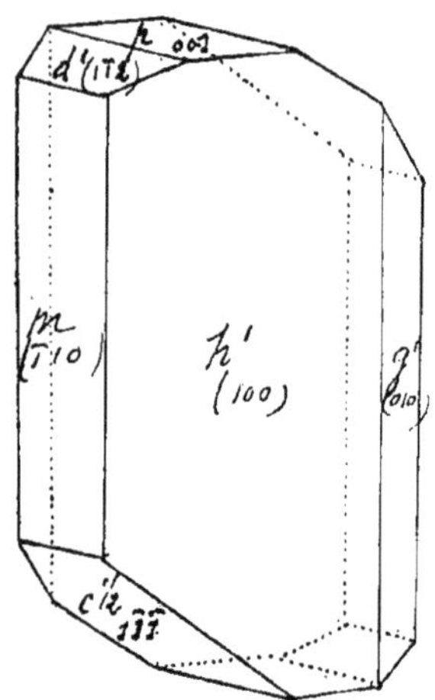

Fɪɢ. 3. — Orthobenzènolsulfonate de nickel.

Dosage du nickel :

La dissolution du sel est additionnée d'un excès de potasse caustique, on fait bouillir quelques instants, on lave le précipité à l'eau bouillante, d'abord par décantation, puis sur filtre. Après séparation du précipité et du filtre, ce dernier est incinéré, on ajoute une ou deux gouttes d'acide azotique sur les cendres et on calcine le tout, à haute température.

Matière 0,4138

Oxyde de Nickel (Ni O).   .   .   .   0,0700

Nickel 0 0413

Nickel pour 100   12,84

Théorie pour $(C^6 H^4 OH. SO^3)^2 Ni,$

3 $H^2 O$.   12,85

La formule du sel de nickel serait :

$$(C^6 H^4 OH. SO^3)^2 Ni, 3 H^2 O$$

ORTHOBENZÉNOLSULFONATE DE COBALT

On le prépare comme celui de nickel, mais en prenant du sulfate de cobalt. Nous avons obtenu des cristaux roses, en forme de tables plates allongées, solubles dans l'eau et l'alcool, et donnant les réactions du cobalt et celles du benzènol.

Le produit, remis à cristalliser, nous a fourni de magnifiques cristaux rouge hyacinthe qui atteignent parfois 17 millimètres sur 8 de large et 5 d'épaisseur. Ils appartiennent au système binaire.

Angle des axes : $zx = 94°3o$.

Paramètres : $a = 1,1641$, $b = 1$, $c = 0,5388$.

Faces constatées :

m (110), h^1 (100), p (001), $\sigma = b^{1/2} d^{1/4} g^{1/2}$ (13$\overline{2}$), o^1 (101), a^1 (10$\overline{1}$), $a^{1/2}$ (20$\overline{1}$).

Angles des normales aux faces			Observés	Calculés
Zone $h^1 g^1$	$m\overline{h}^1$	(110) (100)	49°15′	$\overline{F}$
	mm	(110) ($\overline{1}$10)		
Zone ph^1	ph^1	(001) (100)	85°3o′	F
	$h^1 o^1$	(100) (101)	61°3o′	F
	pa^1	(00$\overline{1}$) (10$\overline{1}$)	44°44′	
	$h^1 a^{1/2}$	(100) (20$\overline{1}$)	29°46′	

Angles des normales aux faces			Observés	Calculés
pm	$(00\bar{1})$	(110)	$87°$	$86°59'$
$o^1\,m$	(101)	(110)	$71°49'$	$71°50'$
$m\sigma$	$(\bar{1}10)$	$(13\bar{2})$	$65°45'$	$66°42$
$m\sigma$	(110)	$(13\bar{2})$	$56°45'$	$56°37'$
$h^1\,\sigma$	(100)	$(13\bar{2})$	$84°$ environ	$83°12'$
$p\sigma$	$(00\bar{1})$	$(13\bar{2})$	$40°20'$	$40°29'$
$a^{1/2}\,\sigma$	$(20\bar{1})$	$(13\bar{2})$	$48°21'$	$48°18'$
$a^{1/2}\,m$	$(20\bar{1})$	(110)	$64°54'$	$64°59'$
$a^1\,m$	$(10\bar{1})$	(110)	$75°$ environ	$75°25'$

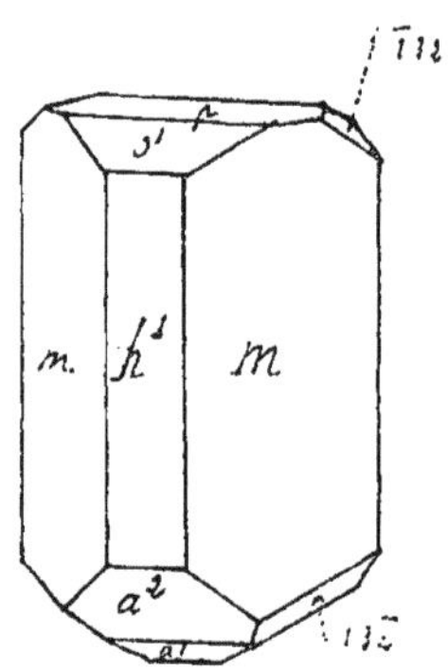

Fig. 4. — Orthobenzènolsulfonate de Cobalt.

Détermination de l'eau :

Matière 0,3716

Perte à 110° 0,0557

Eau pour 100 14,98

Théorie pour $(C^6 H^4 OH.SO^3)^2$ Co,

4 H² O 15,09

Dosage du soufre :

Matière 0,3396

Sulfate de baryum 0,3410
Soufre . . . . , ... 0,0468
Soufre pour 100 13,80
Théorie pour $(C^6 H^4 OH.SO^3)^2 Co,$
    $4H^2 O$ 13,41

Dosage du cobalt :

La matière est calcinée, avec de l'acide sulfurique, dans un creuset de porcelaine muni de son couvercle. Le cobalt est transformé en sulfate qu'on pèse. Cette méthode est d'un emploi fort délicat et exige une grande habitude ; il y a là un tour de main à saisir qui nous a échappé, bien que nous ayions recommencé nombre de fois l'opération.

Matière 0,2181
Sulfate de cobalt 0,0660
Cobalt 0,0250
Cobalt pour 100 11,50
Théorie pour $(C^6 H^4 OH.SO^3)^2 Co,$
    $4H^2 O$ 12,36
La formule est : $(C^6 H^4 OH. SO^3)^2 Co, 4 H^2 O$

ORTHOBENZÈNOLSULFONATE DE MANGANÈSE

En suivant la méthode employée pour le précédent, nous avons obtenu des cristaux presque blancs, légèrement colorés en rose, solubles dans l'eau en un liquide à peine teinté, donnant les réactions du manganèse et celles du phénol.

La substance cristallise dans le système asymétrique.

Angles des axes : $xy = 100°44'$
                    $yz = 77°44'$
                    $zx = 100°44'$

Paramètres : $a = 0{,}9011$, $b = 1$, $c = 0{,}7230$.

Faces observées :

$m\,(\bar{1}10)$, $h^1\,(100)$, $g^1\,(010)$, $p\,(001)$, $c^{1/2}\,(\bar{1}11)$, $d^1\,(1\bar{1}2)$, $g^3\,(120)$, $\sigma = f^1\,c^{1/3}\,g^{1/2}\,(122)$, $\rho = b^1\,c^{1/3}\,h^{1/2}\,(21\bar{2})$, $c^1\,(\bar{1}12)$.

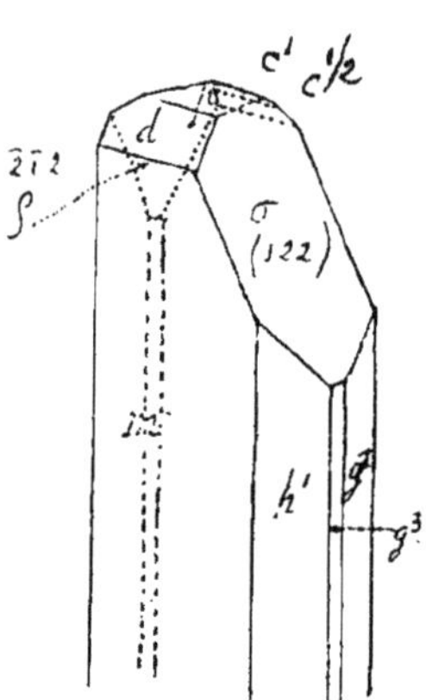

Fig. 5.

Angles des normales aux faces	Observés	Calculés
$h^1\,g^1$ (100) (010)	$78^\circ 34'$	F
$m h^1$ ($1\bar{1}0$) (100)	$48^\circ 30'$	F
$h^1 g^3$ (100) (120)	$52^\circ 30'$ à $53^\circ 40'$	$52^\circ 34'$
$h^1 p$ (100) (001)	$81^\circ 42'$	F
$g^1 p$ (010) (001)	$100^\circ 14'$	F
$g^1 c^{1/}$ (010) ($\bar{1}11$)	$71^\circ 12'$	$71^\circ 8'$
$g^1 \rho$ ($0\bar{1}0$) ($1\bar{1}2$)	67°	»
$g^1 \sigma$ (010) (122)	61°	$60^\circ 58'$
$h^1 d^1$ (100) ($1\bar{1}2$)	»	$67^\circ 9'$
$h^1 \rho$ ($\bar{1}00$) ($2\bar{1}2$)	»	$75^\circ 50'$
$\rho \sigma$ ($2\bar{1}2$) (122)	vers 84°	$84^\circ 48'$
$h^1 \sigma$ (100) (122)	$58^\circ 2'$	$57^\circ 44'$

Détermination de l'eau :

Matière	0,5090
Perte à 110° et dans le vide. . .	0,0991
Eau pour 100	19,47
Théorie pour $(C^6 H^4 OH.SO^3)^2$ Mn $5^{1/2} H^2 O$	19,80

Dosage du soufre :

Matière	0,4000
Sulfate de baryum	0,3713
Soufre	0,0509
Soufre pour 100	12,75
Théorie pour $(C^6 H^4 OH.SO^3)^2$ Mn, $5^{1/2} H^2 O$.	12,80

Dosage du manganèse :

On précipite la solution métallique par le carbonate de sodium jusqu'à cessation de précipité. Le carbonate de manganèse obtenu est alors lavé, puis séché à l'étuve ; on calcine plusieurs fois jusqu'à ce qu'il n'y ait plus de perte de poids à la pesée.

Matière	0,4488
Manganèse en $Mn^3 O^4$.	0,0690
Manganèse	0,0496
Manganèse pour 100	11,05
Théorie pour $(C^6 H^4 OH.SO^3)^2$ Mn, $5^{1/2} H^2 O$	11,00

La formule est donc bien :

$$(C^6 H^4 OH.SO^3)^2 Mn, 5\ 1/2\ H^2 O$$

ORTHOBENZÈNOLSULFONATE DE ZINC

Obtenu par le même procédé que le sel de manganèse. Il se présente en gros cristaux blancs très nets ; nous avions eu au début de nos cristallisations de petites plaques qui, remises à cristalliser, nous ont donné d'autres cristaux plus gros. Ils sont solubles dans l'eau, l'alcool, et leurs solutions donnent les réactions des sels de zinc et celles du phénol ordinaire.

La substance cristallise dans le système asymétrique.

Angles des axes :

$$xy = 102°44'$$
$$yz = 77°26'$$
$$zx = 100°44'$$

Paramètres :

$$a = 0,9191, b = 1, c = 0,7173$$

Faces constatées :

$$h^1 (100), m (1\bar{1}0), g^1 (010), g^3 (120),$$
$$c^{1/2} (\bar{1}11), d^1 (1\bar{1}2), \sigma = f^1 c^{1/3} g^{1/2} (122)$$
$$\rho = b^1 c^{1/3} h^{1/2} (21\bar{2})$$

Angles des normales aux faces	Observés	Calculés
$h^1 g^1$ (100) (010)	79°	F
mh^1 (1$\bar{1}$0) (100)	47°48′	F
$mc^{1/2}$ ($\bar{1}$10) ($\bar{1}$11)	53°50′	F
md^1 (1$\bar{1}$0) (1$\bar{1}$2)	52°52′	F
$d^1 h^1$ (1$\bar{1}$2) (100)	67°29′	F
$h^1 \sigma$ (100) (122)	58°36′	58°20′
$c^{1/2} g^1$ ($\bar{1}$11) (010)		70°50
$g^1 d^1$ (0$\bar{1}$0) (1$\bar{1}$2)	67°15′	67°19′

Détermination de l'eau :

Matière	0,7204
Perte à 110° et dans le vide . .	0,1404
Eau pour 100	19,48

Théorie pour $(C^6 H^4 OH.SO^3)^2 Zn$,

    $5\ 1/2\ H^2O$. 19,40

Dosage du soufre :

    Matière 0,3905

    Sulfate de baryum 0,3570

    Soufre 0,0495

    Soufre pour 100 12,58

    Théorie pour $(C^6 H^4 OH.SO^3)^2 Zn$,

    $5\ 1/2\ H^2O$ 12,55

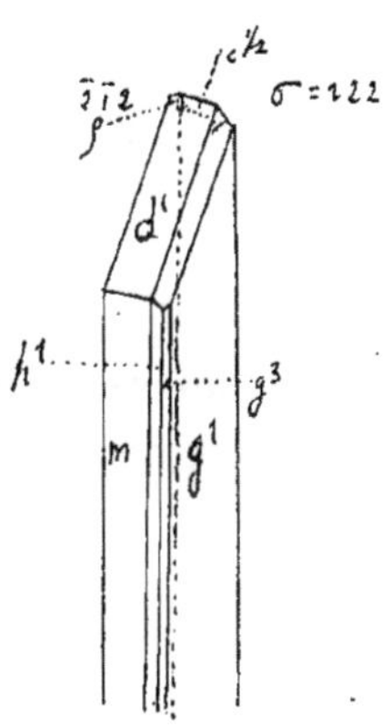

Fig. 6.

Dosage du zinc :

Le métal a été dosé à l'état d'oxyde ; on opère comme pour le sel de manganèse.

    Matière 0,5284

    Oxyde de zinc 0,0840

    Zinc 0,0674

    Zinc pour 100 12,75

    Théorie pour $(C^6 H^4 OH. SO^3)^2 Zn$,

    $5\ 1/2\ H^2O$ 12,74

La formule est bien :

$$(C^6 H^4 OH . SO^3)^2 Zn, 5\ 1/2\ H^2O)$$

Nous avons vu que ce sel avait été utilisé, en Angleterre, dans le traitement de la blennorragie. Wangh, dans le *Brooklyn medical Journal* de 1888, rapporte vingt-deux cas de diarrhée estivale de l'enfance, qu'il a traités avec succès par le sulfophénate de zinc.

ORTHOBENZÈNOLSULFONATE DE MAGNÉSIUM

Préparé par double décomposition entre l'orthobenzènolsulfonate de baryum et le sulfate de magnésie ; ce sel se présente en cristaux blancs très nets, ce sont des plaques formées de tables allongées et plates, très solubles dans l'eau sans la colorer ; la solution de ce sel donne les réactions du magnésium et celles du phénol ordinaire.

Eau de cristallisation :

Matière	0,5650
Perte à 110°	0,1227
Eau pour 100	21,71
Théorie pour $(C^6 H^4 OH . SO^3)^2 Mg,$	
5 1/2 H^2O	21,10

Dosage du soufre :

Matière	0,5445
Sulfate de baryum	0,5301
Soufre	0,0741
Soufre pour 100	13,61
Théorie pour $(C^6 H^4 OH\ SO^3)^2 Mg,$	
5 1/2 H^2O	13,64

Dosage du magnésium :

La dissolution du sel de magnésie, a été additionnée de chlorure d'ammonium, d'ammoniaque, puis de phosphate de soude, et portée dans un endroit frais pour y séjourner vingt-quatre heures. Le précipité de phosphate ammoniaco-magnésien ayant été recueilli, a été lavé à l'eau ammoniacale au tiers, puis séché et calciné, enfin pesé à l'état de pyrophosphate de magnésium.

Matière	0,4430
Pyrophosphate.	0,1050
Magnésium.	0,0227
Magnésium pour 100.	5,12
Théorie pour $(C^6H^4OH.SO^3)^2Mg,$ 5 1/2 H^2O.	5,11

La formule est donc bien :

$$(C^6H^4OH.SO^3)^2 Mg, 5\ 1/2\ H^2O$$

ORTHOBENZÈNOLSULFONATE DE SODIUM

Il se prépare par double décomposition entre le sel de baryum et le sulfate de sodium. On obtient par évaporation lente, à une température inférieure à 20 degrés, sur les bords du récipient des aiguilles blanches, et au fond, des cristaux blancs, ceux-ci étant sortis, les eaux-mères ont donné, de nouveau, des aiguilles réunies autour d'un point central, ces aiguilles ont la forme d'un éventail presque complètement replié.

Nous avons réussi à obtenir une masse cristalline formée de plusieurs cristaux accolés et au milieu de laquelle, nous avons observé de petits cristaux tabulaires qui ont servi aux mesures cristallographiques. Les faces autres que celle d'aplatissement sont peu développées en largeur et, de plus, elles portent des stries qui rendent les mesures assez pénibles et douteuses.

Ces cristaux appartiennent au système terbinaire.

Paramètres :
$$a = 1,324$$
$$b = 1$$
$$c = 1,071$$

Faces constatées : h^1 (010)

g^1 (100), g^2 (310), g^5 (320)

$b^{1/2}$ (111)

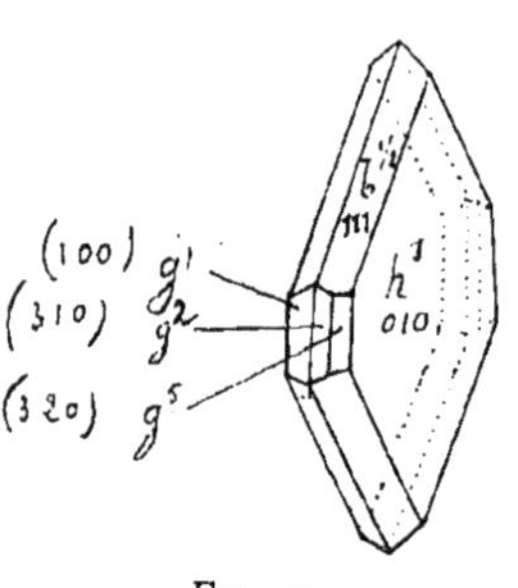

FIG. 7.

Angles des normales aux faces	Observés	Calculés
$h^1 b^{1/2}$ (010) (111)	50°13′	F
$g^1 b^{1/2}$ (100) (111)	61°6′	F
$b^{1/2} g^2$ (111) (310) (moyenne)	45°44′	45°32′
$b^{1/2} g^5$ (111) (320)	38°12′	38°13′

Détermination de l'eau :

(Aiguilles)

Matière 0,5168

Perte à 115 degrés 0,0217
Eau pour 100 4,20
Théorie pour $C^6H^4OH. SO^3 Na,$
  1/2 H^2O 4,40

(Cristaux)

Matière 0,7639
Perte à 110 degrés 0,0938
Eau pour 100 12,10
Théorie pour $C^6H^4OH. SO^3 Na,$
  1 1/2 H^2O. : 12,07

Dosage du soufre :

(Aiguilles)

Matière 0,5044
Sulfate de baryum 0,5700
Soufre 0,0782
Soufre pour 100 15,61
Théorie pour $C^6H^4OH. SO^3Na,$
  1 1/2 H^2O 15,65

(Cristaux)

Matière 0,5008
Sulfate de baryum 0,5260
Soufre 0,0721
Soufre pour 100 14,40
Théorie pour $C^6H^4OH. SO^3 Na,$
  1 1/2 H^2O. 14,35

Dosage du sodium :

Le métal a été dosé à l'état de sulfate. Le sel a été
calciné, dans un creuset de porcelaine muni de son couvercle, la substance ayant été au préalable humectée
de quelques gouttes d'acide sulfurique. On projette sur

le résidu du carbonate d'ammoniaque, pour transformer le sulfate acide en sulfate neutre. On pèse après refroidissement.

Sel A : (Aiguilles)

Matière	0,348
Sulfate de sodium	0,120
Sodium	0,0388
Sodium pour 100	11,27
Théorie pour $C^6H^4OH . SO^3Na$, 1/2 H^2O	11,21

Sel C : (Cristaux)

Matière	0,3520
Sulfate de sodium	0,1154
Sodium	0,0370
Sodium pour 100	10,50
Théorie pour $C^6H^4OH . SO^3Na$, 1 1/2 H^2O	10,31

Nous croyons que la différence en eau de cristallisation provient de ce que le sel C a cristallisé au sein d'une grande quantité d'eau, alors que le sel A a été fourni par les eaux-mères séparées de la première cristallisation ; et nous adoptons comme formule :

$$C^6H^4OH . SO^3Na, 1\ 1/2\ H^2O$$

Barth et Senhofer ont préparé les trois isomères.

Orthobenzènolsulfonate de sodium. — Fut obtenu par eux en masses cristallines indistinctes renfermant 1 1/2 molécule d'eau de cristallisation.

Métabenzènolsulfonate de sodium. — Aiguilles plates ou grandes tables rhomboédriques contenant une molécule d'eau de cristallisation.

Parabenzènolsulfonate de sodium. — Cristaux prismatiques avec deux molécules d'eau.

L'orthobenzènolsulfonate de sodium a été employé avec succès dans le traitement de l'endocardite ulcéreuse de l'aorte (Sanson, de Londres).

ORTHOBENZÈNOLSULFONATE DE POTASSIUM

Il se prépare comme le sel de sodium ; nous avons obtenu deux sortes de cristaux renfermant la même quantité d'eau de cristallisation.

Sur les parois latérales du cristallisoir, de petites tablettes blanches et, au fond, de petites houppes formées par l'agglomération de fines aiguilles.

Détermination de l'eau :

Matière	o,465o
Perte à 110 degrés	o,ooo

Donc, point d'eau de cristallisation.

Dosage du soufre :

Matière	o,465o
Sulfate de baryum	o,535o
Soufre	o,072o
Soufre pour 100	15,5o
Théorie pour $C^6H^4OH.SO^3K$ . .	15,56

Dosage du potassium :

Le métal a été dosé à l'état de sulfate, on opère comme pour le sodium.

Matière	o,5236
Sulfate de potassium	o,2126
Potassium	o,0954

Potassium pour 100 18,23
Théorie pour $C^6H^4\,OH\,SO^3K$ . . 18,39

Nous avons pris comme formule de ce sel :

$$C^6H^4\,OH_4\,SO^3K_2$$

Barth et Senhofer ont préparé les trois benzènolsulfonates potassiques isomères : l'orthobenzènolsulfonate cristallise en longues aiguilles plates, avec deux molécules d'eau de cristallisation, il fond à 240 degrés ; le métabenzènolsulfonate fond à 200 degrés ; enfin le parabenzènolsulfonate cristallisé en tables ne renfermant pas d'eau, et fondant à 260 degrés.

Nous n'avons pas obtenu de fusion du sel de potassium même à 300 degrés, nous avons simplement noté un boursouflement de la matière qui commençait à se décomposer.

Solomanoff a préparé un orthobenzènolsulfonate de potassium cristallisant sans eau, alors que Herzig n'a pu obtenir que le corps cristallisant avec deux molécules d'eau.

ORTHOBENZÈNOLSULFONATE D'AMMONIUM

Nous l'avons préparé par double décomposition entre le sel de baryum et le sulfate ammonique. Par cristallisation la liqueur a abandonné des plaques formées par l'agglomération de tables plates allongées, d'une couleur blanche. Ces cristaux sont solubles dans l'eau et donnent les réactions des sels d'ammonium et celles du phénol ordinaire.

Ces tables appartiennent au système binaire.

Angles des axes : $zx = 112°$

Paramètres : $a = 1,5096$
$$b = 1$$
$$c = 0,9427$$

Faces constatées :

h^1 (100), p, (001), m (110), e' (011)

combinaisons :

$(h^1, \ p, \ m)$, et $(h^1 \ p \ e^1)$

Angles des normales aux faces	Observés	Calculés
$m h^1$ (110) (100)	54°30′	F
$p h^1$ (001) (100)	68°	F
$m e^1$ (110) (011)	50°	F
$p m$ (001) (110)	77°30′	77°26′
$p e^1$ (001) (011)	34°38′	34°43′
$h^1 e^1$ (100) (011)	73°30′	73°36′

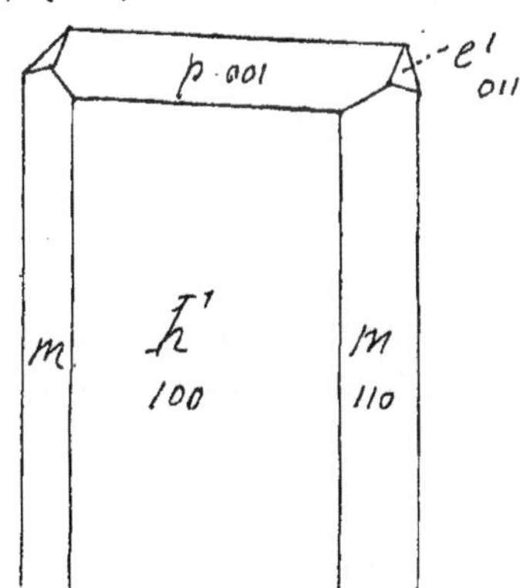

Fig. 8.

Détermination de l'eau.

Matière 0,5227

Perte à 110° 0,00045

Eau pour 100 0,086
Point d'eau de cristallisation.

Dosage du soufre.

Matière 0,5227
Sulfate de baryum. 0,6340
Soufre 0,0870
Soufre pour 100 16,65
Théorie pour $C^6 H^4 OH, SO^3 Az H^4$. 16,75

Dosage de l'ammoniaque.

La substance, ayant été dissoute dans une petite quantité d'eau, a été additionnée de soude caustique pure, un peu de zinc pur fut ajouté pour faciliter l'ébullition, puis on a distillé. Le liquide distillant a été recueilli dans une solution titrée d'acide sulfurique décinormale ; on a dosé la quantité d'acide libre restant après distillation, la différence nous a donné la quantité employée pour former du sulfate d'ammoniaque.

Solution $N/10$ $SO^4 H^2$ employée 50 cc.,
Solution $N/10$ NaOH   —   23,5

Différence 26,5

On a donc pour valeur de l'ammonium

26 cc.,5 $\times$ 0,0018 = 0,04770

Matière 0,5087
Ammonium 0,0477
Ammonium pour 100. 9,37
Théorie pour $C^6 H^4 OH, SO^3 Az H^4$. 9,42

La formule est donc :

$$C^6 H^4 OH, SO^3 Az H^4{}_2$$

ORTHOBENZÈNOLSULFONATE DE LITHIUM

Nous l'avons préparé par la même méthode que le
sel de plomb : en traitant l'acide orthobenzènolsulfonique par du carbonate de lithium.

Nous avons obtenu des plaques plus ou moins régu-
lières, formées de tables plates allongées, d'un blanc jaunâtre qui, par recristallisation sont devenues complètement blanches, ces cristaux appartiennent au système
binaire.

$$\text{Angle des axes :} \quad zx = 93° \ 54$$
$$\text{Paramètres :} \quad a = 1,8132$$
$$b = 1$$
$$c = 1,4743$$

Faces constatés :

$$h^1 \ (100)$$
$$o^1 \ (101)$$
$$a^1 \ (10\bar{1})$$
$$m \ (110)$$

Clivage facile $\quad p \ (001)$

Angle des normales aux faces	Observés	Calculés
$h^1 o^1$ (100) (101)	40°33	F
$h^1 a^1$ (100) (10$\bar{1}$)	53°6′	
$h^1 m$ (100) (110)	61°6′	F
$o^1 m$ (101) (110)	71°	71°13
$a^1 m$ (10$\bar{1}$) (110)	73°3′	73° 4′ 40″

Il a été possible de produire un clivage suivant une
face A dont les inclinaisons sur h^1 et sur m ont été :

	Observées	Calculées
Ah^1 (100) = 86°6'	F	86°7'
Am (110) = 88°27'		88°14'

Cette face artificielle a été choisie pour face p.

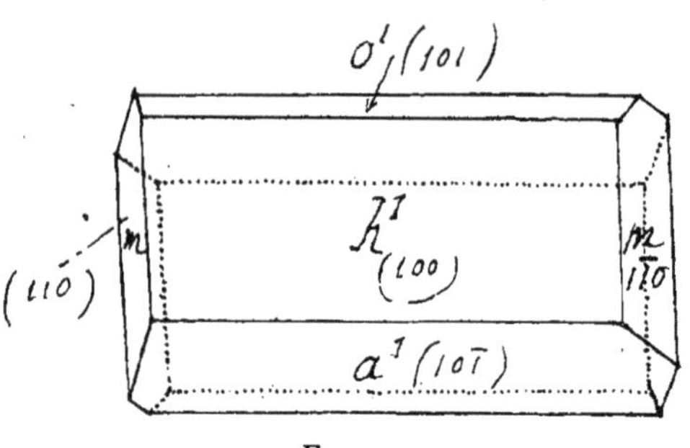

Fig. 9.

Dosage de l'eau :

Matière 0,5416

Perte à 110 degrés 0,0509

Eau pour 100 9,39

Théorie pour $C^6 H^4 OH . SO^3 Li_2,$

H²O 9,09

Ce sel absorbe assez facilement la vapeur d'eau de l'air.

Dosage du soufre :

Matière 0,3808

Sulfate de baryum. 0,4500

Soufre 0,0617

Soufre pour 100 16,20

Théorie pour $C^6 H^4 OH . SO^3 Li, H^2 O$ 16,16

Dosage du lithium :

Le métal a été dosé à l'état de sulfate en opérant comme pour le sodium.

Matière 0,45
Sulfate de lithium 0,12
Lithium 0,0152
Lithium pour 100 3,40
Théorie pour $C^6 H^4 OH.SO^3 Li, H^2 O$. 3,52

La formule est donc :

$$C^6 H^4 OH_{(1)} SO^3 Li_{(2)}, H^2 O$$

DÉRIVÉS ALCALOÏDIQUES

DE L'ACIDE ORTHOBENZÉNOLSULFONIQUE

Les alcaloïdes végétaux sont des substances organiques azotées et peuvent, comme l'ammoniaque, se combiner directement aux acides, pour donner des sels. En conséquence, nous avons cherché si ces corps sont capables, par combinaison avec l'acide orthobenzénolsulfonique, de donner des sels stables.

Nous avons choisi ceux de strychnine et de quinine, et nous avons obtenu des sels définis, solides et nettement cristallisés.

Pour les préparer, les méthodes employées sont celles qui nous ont servi pour les sels métalliques, c'est-à-dire pour les deux cas qui nous occupent, la double décomposition entre l'orthobenzénolsulfonate de baryum et le sulfate de l'alcaloïde.

L'analyse a comporté les trois déterminations suivantes : dosages de l'eau de cristallisation, du soufre et de l'alcaloïde.

Les dosages de l'eau et du soufre ont été faits par les procédés indiqués pour les dérivés métalliques ; la destruction de la matière organique se fait très bien, elle est moins longue que pour les sels métalliques.

Dosage d'alcaloïdes. — Ce dosage est basé sur ce que les alcaloïdes libres n'ayant aucune action sur quelques indicateurs colorés, les sels d'alcaloïdes se comportent avec ceux-ci comme l'acide libre.

Pour effectuer ce dosage, on dissout dans de l'eau, un poids connu (environ 0 gr. 40) du sel d'alcaloïde à analyser ; on ajoute 30 centimètres cubes d'alcool à 95 degrés, puis un volume connu de liqueur décinormale de soude, par exemple 50 centimètres cubes, afin de déplacer complètement l'alcaloïde. On titre ensuite, la phtaléine servant d'indicateur, l'excès de soude, au moyen de la liqueur décinormale d'acide sulfurique. Si n centimètres cubes d'acide $N/10$ ont été employés, la différence $50 — n$, multipliée par le dix-millième de l'équivalent de l'alcaloïde, s'il est monobasique, donne le poids de l'alcaloïde contenu dans le sel, on divise par deux s'il est bibasique.

Cette méthode n'est rigoureuse que si le sel est pur.

ORTHOBENZÉNOLSULFONATE DE STRYCHNINE

Nous l'avons préparé par la double décomposition du sel de baryum et du sulfate de strychnine. Par évaporation on obtient un corps très nettement cristallisé en aiguilles blanches solubles dans l'eau et dans l'alcool.

Dosage de l'eau :

    Matière 0,4704
    Perte à 110°. 0,0010
    Eau pour 100 0,20
Point d'eau de cristallisation.

Dosage du soufre :

Matière	0,3013
Sulfate de baryum	0,2073
Soufre pour 100.	9,44
Théorie pour $(C^6 H^4 OH. SO^3 H)^2 C^{21}$ $H^{20} Az^2 O^2$	9,41

Dosage de l'alcaloïde :

Matière	0,1420
Strychnine	0,0680
Strychnine pour 100	48
Théorie pour $(C^6 H^4 OH. SO^3 H)^2 C^{21}$ $H^{20} Az^2 O^2$	48,80

La formule est donc :

$$(C^6 H^4 OH, SO^3 H)^2 C^{21} H^{20} Az^2 O^2$$

ORTHOBENZÈNOLSULFONATE DE QUININE

Se prépare comme le précédent, mais avec du sulfate de quinine. Ce produit se présente en aiguilles fines, blanches, solubles dans l'eau, mais surtout dans l'alcool.

Les réactions de la quinine ont été obtenues pour ce corps.

Dosage de l'eau :

Matière	0,5215
Porte dans le vide et à 110 . . .	0,0124
Eaux pour 100	2,37
Théorie pour $(C^6 H^4 OH. SO^3 H)^4 C^{20}$ $H^{24} Az^2 O^2, 1\ 1/2\ H^2 O.$	2.60

Dosage du soufre :

Matière	0,2321
Sulfate de baryum	0,205

Soufre pour 100. 12,12

Théorie pour $(C^6H^4OH.SO^3H)^4C^{20}$

$\quad H^{24}Az^2O^2$, 1 1/2 H^2O. 12,22

Dosage de l'alcaloïde :

Matière 0,2924

Alcaloïde (quinine). 0,0972

Alcaloïde pour 100. 31,05

Théorie pour $(C^6H^4OH.SO^3H)^4C^{20}$

$\quad H^{24}Az^2O^2$, 1 1/2 H^2O. 30,94

La formule de ce sel est donc :

$$(C^6 H^4 OH SO^3 H)^4 C^{20} H^{24} Az^2 O^2, 1\ 1/2\ H^2O$$

Nous devons noter que les sels de strychnine et de quinine, abandonnés à l'air, se transforment, absorbent de l'eau et prennent un aspect résineux. Mais cette transformation se fait lentement.

ACTION PHYSIOLOGIQUE

Nous nous proposons simplement ici de rechercher si quelques orthobenzènolsulfonates sont toxiques et à quelles doses ils peuvent l'être.

Nous les avons fait absorber par deux voies : par injections sous-cutanées et, par l'appareil digestif. Les sujets, qui nous ont servi pour expérimenter étaient des cobayes sains ; leur nourriture était composée de légumes verts, feuilles de choux, salades, puis de son, carottes et pommes de terre. Les animaux ont été pesés régulièrement avant, pendant et après les périodes d'observation.

ACTION DE L'ORTHOBENZÈNOLSULFONATE DE SODIUM

EXPÉRIENCE I

Cobaye n° 1. — Poids de l'animal 876 grammes.

Nous lui avons injecté 10 centigrammes du sel de sodium dissous dans 2 centimètres cubes d'eau. L'animal a très peu mangé et le lendemain, à la pesée, nous n'avons plus trouvé que 801 grammes, soit une perte de poids de 75 grammes en vingt-quatre heures.

Les urines sont rares, nous n'y avons rencontré ni

sucre, ni albumine, pas traces de phénol. Nous n'avons pas continué les injections, il aurait fallu employer de trop grandes quantités de liquide. Nous avons dès lors laissé l'animal en repos durant quinze jours, pendant lesquels nous avons noté une diminution constante du poids de l'animal ; ce dernier a perdu pendant cette période de temps 245 grammes, le poids étant descendu à 631 grammes, puis est resté stationnaire plusieurs jours.

Nons voyons donc qu'à la dose de 12 centigrammes par kilogramme de cobaye, le sel de sodium n'a pas provoqué la mort.

Expérience II

Cobaye n° 1. — Ce cobaye a absorbé 1 gr. 50 d'orthobenzènolsulfonate de sodium en trois jours, cette substance a été dissoute dans une quantité suffisante d'eau, celle-ci nous a servi à lui préparer un barbottage avec du son et lui a servi de nourriture.

17 janvier   1re dose de 0 gr. 50   poids 636 gr.
18   —   repos   —   684 —
19   —   dose de 1 gr.   —   672 —

L'animal a eu de la diarrhée, puis a été pris d'une soif intense. A l'analyse, nous n'avons rien trouvé d'anormal dans les urines qui ont été rares. Nous avons ce jour cessé l'administration de la substance.

Le 20 janvier poids de l'animal :   677 gr.
21   —   —   706 —
22   —   —   693 —
23   —   —   675 —

Le 24 janvier poids de l'animal :   720 gr.

25	— —	722 —
26	— —	755 —
27	— —	725 —
28	— —	740 —
29	— —	724 —
30	— —	718 —
31	— —	725 —

Nous pouvons à ce jour considérer l'animal comme ayant éliminé complètement l'orthobenzènolsulfonate de sodium, le poids du cobaye se maintient. Nous pouvons conclure de ces faits que le sel de sodium ingéré à la dose de 1 gr. 50 par kilogramme d'animal est peu toxique. Nous n'avons malheureusement pas pu déterminer de quelle façon ce corps est éliminé par l'organisme, par quelle voie et sous quelle forme.

ACTION DE L'ORTHOBENZÈNOLSULFONATE DE ZINC ET DU SULFATE DE ZINC

Nous avons opéré comme pour le cobaye n° 1, par voie sous-cutanée et par voie stomacale.

Expérience I

Cobaye n° 4. — Nous lui avons injecté 6 centigrammes d'orthobenzènolsulfonate de zinc ; nous n'avons rien remarqué d'anormal dans les allures de l'animal qui mange comme d'habitude.

Le 13, nous injectons 5 centigrammes, poids du cobaye 505 grammes.

Le 14, le poids est de : 512 grammes.

   15   —   —   507   —

   16   —   —   485   —

   17   —   —   502   —

A ce jour, l'animal absorbe dans sa nourriture de l'orthobenzènolsulfonate de zinc, nous avons noté une répugnance assez grande du cobaye pour cette nourriture qu'il ne mange que le soir.

Le 17, il absorbe o gr. 20 de sel de zinc, poids 502 gr.

   18,   mange comme à l'ordinaire,   —   495   —

   19,   absorbe o gr. 40 de sel de zinc,   —   522   —

   20,   —   o gr. 80   —   —   497   —

Nous nous sommes arrêté quand l'animal eût absorbé 1 gr. 40 d'orthobenzènolsulfonate de zinc, et nous l'avons pesé chaque jour.

   Le 21 poids . . . . 530 grammes.

     22   — 502   —

     23   — 517   —

     24   — 527   —

     25   — 229   —

     26   — 517   —

     27   — 519   —

     28   — 543   —

     29   — 535   —

     30   — 540   —

     31   — 545   —

Le poids s'est maintenu, et finalement est resté supérieur au poids initial 505 ; nous n'avons rien remarqué d'anormal dans les allures de ce cobaye, si ce n'est, après chaque ingestion de sel de zinc, un peu plus d'appétit qu'avant ; nous voyons donc qu'à la dose de 1 gr. 60 par kilogramme d'animal, l'orthobenzènol-sulfonate de zinc est peu toxique.

Avec le cobaye n° 5, nous avons expérimenté le sulfate de zinc. Le 13, nous lui injectons 2 centigrammes de sulfate de zinc ; l'animal a eu immédiatement quelques mouvements saccadés du train de derrière, puis au bout de cinq minutes a repris ses allures habituelles, nous n'avons pas noté de diminution d'appétit; le poids du cobaye à l'expérience était de 595 grammes.

Le 14 nourriture habituelle, poids 600 grammes.

15	—		572	—
16	—	—	555	—
17	—	—	587	—

Nous avons fait absorber à ce cobaye, o gr. 10, o gr. 20, o gr. 30 de sulfate de zinc ; soit o gr. 60, en trois jours l'animal a eu de la diarrhée, puis semblait inquiet.

Le 17, l'animal ingère o gr. 10 de SO^4Zn, poids 587 gr.

18,	pas de sulfate de zinc, mange bien,	—	562	—
19,	o gr. 20 de	—	585	—
20,	o gr. 30	—	592	—

A partir du 20, nous ne lui administrons plus rien et nous l'observons jusqu'au 31.

Le 21	le poids de l'animal est de 603 grammes.	
22	nous trouvons dans la cage un jeune cobaye qui a l'air bien vif, le poids de la mère tombe à	540 gr.
23	le poids de l'animal.	540 —
24	—	574 —
25	—	580 —

26 le poids de l'animal. . . . . . 595 gr.
27 — — . . . . . . 565 —
28 — — . . . . . . 595 —
29 — — . . . . . . 570 —
30 — — . . . . . . 565 —
31 — — . . . . . . 565 —

Nous nous sommes aperçu que le cobaye 5 avait eu un abcès à la place où nous l'avions piqué, ce que nous n'avons pas remarqué chez les deux autres.

Cet animal a donc absorbé 60 centigrammes de sulfate de zinc en quatre jours, à part un peu de diarrhée, il a paru peu incommodé.

Le sulfate de zinc est moins toxique qu'on ne pourrait le croire, à la dose de 50 centigrammes par kilogramme d'animal, il n'a produit qu'un peu de diarrhée.

L'orthobenzènolsulfonate de zinc, absorbé à la dose de 1 gr. 60 par kilogramme, n'a pas produit de diarrhée ; le poids de l'animal s'est maintenu durant l'absorption, pour monter progressivement pendant l'élimination.

Il est moins toxique que le sulfate de zinc ; à dose égale, nous aurions eu à noter une intoxication chez le sujet.

CONCLUSIONS

I. L'acide orthobenzènolsulfonique forme avec la
majorité des métaux des sels définis que nous avons
préparés et étudiés : Ce sont les orthobenzènolsulfonates de plomb, de cuivre, de cadmium, de fer, d'aluminium, de chrome, de nickel, de cobalt, de manganèse, de zinc, de baryum, de calcium, de strontium,
de magnésium, de sodium, de potassium, d'ammonium, de lithium et d'argent.

II. Ces dérivés métalliques sont tous solubles dans
l'eau, quelques-uns dans l'alcool. Leurs solutions les
abandonnent à l'état cristallisé, ce qui nous a permis
le plus souvent d'en déterminer les propriétés.

Remarquons à ce sujet, que les cristaux d'orthobenzènolsulfonate de zinc, de magnésium, de manganèse, de
nickel et de cobalt ont une grande analogie, et que la res-
semblance est surtout frappante entre le manganèse et
le zinc qui cristallisent dans le même système ; le cobalt
et le nickel sont seulement voisins, quant à la forme, et
cristallisent en différents systèmes.

III. Les orthobenzènolsulfonates conservent toutes

les réactions caractéristiques des métaux qui entrent dans leur composition et celles du benzènol.

IV. Les alcaloïdes peuvent également se combiner à l'acide orthobenzènolsulfonique pour donner des dérivés sulfonés stables. Nous avons préparé, dans ce groupe, les sels de quinine et de strychnine, ceux-ci conservent également les réactions caractéristiques de l'alcaloïde qu'ils renferment et sont solubles dans l'eau et dans l'alcool.

V. Les orthobenzènolsulfonates de sodium et de zinc, introduits dans l'organisme, par la voie stomacale, ne paraissent pas toxiques.

VI. Quelques orthobenzènolsulfonates (sodium, zinc) ont déjà été employés en thérapeutique, dans quelques cas, et sont peut-être susceptibles d'un emploi plus général.

INDEX BIBLIOGRAPHIQUE

Serrant, Jarhresbericht über die Fortschritte der Thierchimie, p. 497, 1885.

Barth et Senhofer, Berichte der deutschen chemischen Geselschaft, vol. 9/2, p. 22.

Solomanoff, Zeitschrift fur Chemie, N. F., t. V, p. 295.

Larchinow, Zeitschrift für Chemie, N. E., t. IV, p. 75.

Barth, Berichte der deutschen chemische Geselshaft Jahr., t. XXII, p. 973, 1876.

Herzig, Monashefte für Chemie, p. 668, 1880.

Allain, Berichte der deutschen chemische Geselshaft, t. XXII, p. 686.

Kekulé, Zeitschrift für Chemie, p. 199-330, 1867.

F. Hueppe, Revue des sciences médicales, t. XXIX, p. 491, 1887.

Laplace, Revue des sciences médicales, t. XXXIII, p. 470, 1889

Wangh, Gazette hebdomadaire médicale et chirurgie, p. 769. 1888.

Sanson. Semaine médicale, p. 329, 1887.

Soulier, Thérapeutique, I, p. 101.°

Barral, Précis d'analogie chimique qualitative.

— Précis d'analyse chimique quantitative.

Lyon. — Imp. A. REY et Cⁱᵉ, 4, rue Gentil. — 38556

9 782329 165691